BEI GRIN MACHT SICH IHR WISSEN BEZAHLT

AF152069

- Wir veröffentlichen Ihre Hausarbeit,
  Bachelor- und Masterarbeit

- Ihr eigenes eBook und Buch -
  weltweit in allen wichtigen Shops

- Verdienen Sie an jedem Verkauf

Jetzt bei www.GRIN.com hochladen
und kostenlos publizieren

GRIN

Wolfgang Göbels

Grundrechenarten intensiv trainieren

Variantenreiche Übungsaufgaben mit Lösungen

GRIN Verlag

Bibliografische Information der Deutschen Nationalbibliothek:

Die Deutsche Bibliothek verzeichnet diese Publikation in der Deutschen National-
bibliografie; detaillierte bibliografische Daten sind im Internet über http://dnb.d-
nb.de/ abrufbar.

Dieses Werk sowie alle darin enthaltenen einzelnen Beiträge und Abbildungen
sind urheberrechtlich geschützt. Jede Verwertung, die nicht ausdrücklich vom
Urheberrechtsschutz zugelassen ist, bedarf der vorherigen Zustimmung des Verla-
ges. Das gilt insbesondere für Vervielfältigungen, Bearbeitungen, Übersetzungen,
Mikroverfilmungen, Auswertungen durch Datenbanken und für die Einspeicherung
und Verarbeitung in elektronische Systeme. Alle Rechte, auch die des auszugsweisen
Nachdrucks, der fotomechanischen Wiedergabe (einschließlich Mikrokopie) sowie
der Auswertung durch Datenbanken oder ähnliche Einrichtungen, vorbehalten.

Impressum:

Copyright © 2011 GRIN Verlag GmbH
Druck und Bindung: Books on Demand GmbH, Norderstedt Germany
ISBN: 978-3-656-07010-8

Dieses Buch bei GRIN:

http://www.grin.com/de/e-book/182780/grundrechenarten-intensiv-trainieren

GRIN - Your knowledge has value

Der GRIN Verlag publiziert seit 1998 wissenschaftliche Arbeiten von Studenten, Hochschullehrern und anderen Akademikern als eBook und gedrucktes Buch. Die Verlagswebsite www.grin.com ist die ideale Plattform zur Veröffentlichung von Hausarbeiten, Abschlussarbeiten, wissenschaftlichen Aufsätzen, Dissertationen und Fachbüchern.

Besuchen Sie uns im Internet:

http://www.grin.com/

http://www.facebook.com/grincom

http://www.twitter.com/grin_com

Wolfgang Göbels

Grundrechenarten intensiv trainieren

Variantenreiche Übungsaufgaben mit Lösungen

Dieses Buch enthält eine Fülle elementarer abwechslungsreicher Trainingseinheiten zu den Grundrechenarten. Zu jeder Einheit gehört ein komplettes Lösungsblatt. Sie profitieren somit als Lehrkraft von einer enormen Entlastung und Zeitersparnis.

Viel Spaß und gute Unterrichtserfolge beim Einsatz dieser innovativen Arbeitsblätter wünschen Ihnen Autor und Verlag!

Inhaltsverzeichnis

```
      87254555          72779942          47723664          42786903
  +   37548735      +   92946404      +   15237924      +   31302983


      80952830         171386354         132516240         120348090
  -   27220507      -   86514992      -   34770045      -   74261781


      50294917          10883637          72341504          63580221
  +   67510072      +    9332363      +   87047118      +   42485613


      47919165          72708631         119982659          71323580
  -   18766727      -   22566848      -   50590394      -   10766666


      10055275           6762417          46629722          40549417
  +   73987288      +   34822282      +   71630753      +   56951990


      78902727         166488358          51865905          68293298
  -   51726509      -   82594721      -   17138132      -   34692238


      75246219          57159703          47070285          51478984
  +   14254040      +   86581158      +   98405053      +   96235203


     172446136          69352746          33889399         133636523
  -   88398627      -   65246204      -   29089061      -   76167023


      26274652          78418525          69211564          66002620
  +   64489778      +   69468998      +   47903196      +   32863057


     145783946         160086937         104102368          94599057
  -   47772821      -   70010075      -   42494703      -   37484572
```

```
    87254555        72779942        47723664        42786903
 +  37548735     +  92946404     +  15237924     +  31302983
   124803290       165726346        62961588        74089886


    80952830       171386354       132516240       120348090
 -  27220507     -  86514992     -  34770045     -  74261781
    53732323        84871362        97746195        46086309


    50294917        10883637        72341504        63580221
 +  67510072     +   9332363     +  87047118     +  42485613
   117804989        20216000       159388622       106065834


    47919165        72708631       119982659        71323580
 -  18766727     -  22566848     -  50590394     -  10766666
    29152438        50141783        69392265        60556914


    10055275         6762417        46629722        40549417
 +  73987288     +  34822282     +  71630753     +  56951990
    84042563        41584699       118260475        97501407


    78902727       166488358        51865905        68293298
 -  51726509     -  82594721     -  17138132     -  34692238
    27176218        83893637        34727773        33601060


    75246219        57159703        47070285        51478984
 +  14254040     +  86581158     +  98405053     +  96235203
    89500259       143740861       145475338       147714187


   172446136        69352746        33889399       133636523
 -  88398627     -  65246204     -  29089061     -  76167023
    84047509         4106542         4800338        57469500


    26274652        78418525        69211564        66002620
 +  64489778     +  69468998     +  47903196     +  32863057
    90764430       147887523       117114760        98865677


   145783946       160086937       104102368        94599057
 -  47772821     -  70010075     -  42494703     -  37484572
    98011125        90076862        61607665        57114485
```

Schriftliches Multiplizieren natürlicher Zahlen

1) $1131 \cdot 7171$ 2) $1958 \cdot 5731$ 3) $9630 \cdot 4896$

4) $2378 \cdot 4784$ 5) $7159 \cdot 2316$ 6) $5833 \cdot 5551$

7) $2075 \cdot 4862$ 8) $4245 \cdot 3441$ 9) $9739 \cdot 5812$

10) $8315 \cdot 6151$ 11) $1926 \cdot 2394$ 12) $9108 \cdot 4718$

13) $7675 \cdot 1531$ 14) $6539 \cdot 9942$ 15) $3131 \cdot 4558$

16) $3618 \cdot 4279$ 17) $8642 \cdot 7685$ 18) $1430 \cdot 2249$

Lösungen zu zum schriftlichen Multiplizieren natürlicher Zahlen

1) 1131·7171
     1131
    79170
   113100
  7917000
  8110401

2) 1958·5731
     1958
    58740
  1370600
  9790000
 11221298

3) 9630·4896
    57780
  866700
 7704000
38520000
47148480

4) 2378·4784
    9512
  190240
 1664600
9512000
11376352

5) 7159·2316
   42954
  71590
 2147700
14318000
16580244

6) 5833·5551
    5833
  291650
 2916500
29165000
32378983

7) 2075·4862
    4150
  124500
 1660000
8300000
10088650

8) 4245·3441
    4245
  169800
 1698000
12735000
14607045

9) 9739·5812
   19478
  97390
 7791200
48695000
56603068

10) 8315·6151
    8315
  415750
  831500
49890000
51145565

11) 1926·2394
    7704
  173340
  577800
3852000
4610844

12) 9108·4718
   72864
  91080
 6375600
36432000
42971544

13) 7675·1531
    7675
  230250
 3837500
7675000
11750425

14) 6539·9942
   13078
  261560
 5885100
58851000
65010738

15) 3131·4558
   25048
  156550
 1565500
12524000
14271098

16) 3618·4279
   32562
  253260
  723600
14472000
15481422

17) 8642·7685
   43210
  691360
 5185200
60494000
66413770

18) 1430·2249
   12870
  57200
 286000
2860000
3216070

Berechne auf zwei Arten mit allen notwendigen Zwischenschritten:

1) $16 \cdot (514 + 820) = 16 \cdot 1334 \qquad\qquad = 21344$
$16 \cdot (514 + 820) = 16 \cdot 514 + 16 \cdot 820 = 8224 + 13120 = 21344$

2) $14 \cdot (298 + 987) =$ _____

3) $20 \cdot (908 + 94) =$ _____

4) $5 \cdot (255 + 714) =$ _____

5) $13 \cdot (3 + 832) =$ _____

6) $19 \cdot (175 + 450) =$ _____

7) $13 \cdot (641 + 697) =$ _____

8) $16 \cdot (987 + 580) =$ _____

9) $11 \cdot (913 + 946) =$ _____

10) $15 \cdot (200 + 73) =$ _____

11) $11 \cdot (96 + 456) =$ _____

12) $5 \cdot (566 + 423) =$ _____

13) $13 \cdot (854 + 243) =$ _____

14) $15 \cdot (607 + 640) =$ _____

15) $11 \cdot (477 + 263) =$ _____

16) $17 \cdot (720 + 171) =$ _____

17) $4 \cdot (303 + 35) =$ _____

18) $16 \cdot (910 + 520) =$ _____

Lösungen:

1) $16 \cdot (514 + 820) = 16 \cdot 1334$ $= 21344$
     $16 \cdot (514 + 820) = 16 \cdot 514 + 16 \cdot 820 = 8224 + 13120 = 21344$

2) $14 \cdot (298 + 987) = 14 \cdot 1285$ $= 17990$
     $14 \cdot (298 + 987) = 14 \cdot 298 + 14 \cdot 987 = 4172 + 13818 = 17990$

3) $20 \cdot (908 + 94) = 20 \cdot 1002$ $= 20040$
     $20 \cdot (908 + 94) = 20 \cdot 908 + 20 \cdot 94 = 18160 + 1880 = 20040$

4) $5 \cdot (255 + 714) = 5 \cdot 969$ $= 4845$
     $5 \cdot (255 + 714) = 5 \cdot 255 + 5 \cdot 714 = 1275 + 3570 = 4845$

5) $13 \cdot (3 + 832) = 13 \cdot 835$ $= 10855$
     $13 \cdot (3 + 832) = 13 \cdot 3 + 13 \cdot 832 = 39 + 10816 = 10855$

6) $19 \cdot (175 + 450) = 19 \cdot 625$ $= 11875$
     $19 \cdot (175 + 450) = 19 \cdot 175 + 19 \cdot 450 = 3325 + 8550 = 11875$

7) $13 \cdot (641 + 697) = 13 \cdot 1338$ $= 17394$
     $13 \cdot (641 + 697) = 13 \cdot 641 + 13 \cdot 697 = 8333 + 9061 = 17394$

8) $16 \cdot (987 + 580) = 16 \cdot 1567$ $= 25072$
     $16 \cdot (987 + 580) = 16 \cdot 987 + 16 \cdot 580 = 15792 + 9280 = 25072$

9) $11 \cdot (913 + 946) = 11 \cdot 1859$ $= 20449$
     $11 \cdot (913 + 946) = 11 \cdot 913 + 11 \cdot 946 = 10043 + 10406 = 20449$

10) $15 \cdot (200 + 73) = 15 \cdot 273$ $= 4095$
     $15 \cdot (200 + 73) = 15 \cdot 200 + 15 \cdot 73 = 3000 + 1095 = 4095$

11) $11 \cdot (96 + 456) = 11 \cdot 552$ $= 6072$
     $11 \cdot (96 + 456) = 11 \cdot 96 + 11 \cdot 456 = 1056 + 5016 = 6072$

12) $5 \cdot (566 + 423) = 5 \cdot 989$ $= 4945$
     $5 \cdot (566 + 423) = 5 \cdot 566 + 5 \cdot 423 = 2830 + 2115 = 4945$

13) $13 \cdot (854 + 243) = 13 \cdot 1097$ $= 14261$
     $13 \cdot (854 + 243) = 13 \cdot 854 + 13 \cdot 243 = 11102 + 3159 = 14261$

14) $15 \cdot (607 + 640) = 15 \cdot 1247$ $= 18705$
     $15 \cdot (607 + 640) = 15 \cdot 607 + 15 \cdot 640 = 9105 + 9600 = 18705$

15) $11 \cdot (477 + 263) = 11 \cdot 740$ $= 8140$
     $11 \cdot (477 + 263) = 11 \cdot 477 + 11 \cdot 263 = 5247 + 2893 = 8140$

16) $17 \cdot (720 + 171) = 17 \cdot 891$ $= 15147$
     $17 \cdot (720 + 171) = 17 \cdot 720 + 17 \cdot 171 = 12240 + 2907 = 15147$

17) $4 \cdot (303 + 35) = 4 \cdot 338$ $= 1352$
     $4 \cdot (303 + 35) = 4 \cdot 303 + 4 \cdot 35 = 1212 + 140 = 1352$

18) $16 \cdot (910 + 520) = 16 \cdot 1430$ $= 22880$
     $16 \cdot (910 + 520) = 16 \cdot 910 + 16 \cdot 520 = 14560 + 8320 = 22880$

Schriftliches Dividieren natürlicher Zahlen (vierstellig durch zweistellig)

1)   5 6 7 9 : 51 =   2)   7 2 7 9 : 78 =

3)   2 7 5 8 : 57 =   4)   1 6 8 8 : 50 =

5)   8 9 9 3 : 85 =   6)   6 1 2 7 : 79 =

7)   1 4 3 7 : 31 =   8)   3 4 3 6 : 80 =

9)   7 1 6 9 : 55 =   10)   9 5 4 3 : 54 =

11)   3 5 3 6 : 16 =   12)   7 3 8 2 : 95 =

Lösungen zum schriftlichen Dividieren natürlicher Zahlen (vierstellig durch zweistellig)

1)   5 6 7 9 : 51 = 1 1 1 + 18   : 51
     - 5 1
      0 5 7
    - 0 5 1
      0 0 6 9
    - 0 0 5 1
      0 0 1 8

2)   7 2 7 9 : 78 = 0 9 3 + 25   : 78
     - 0 0
      7 2 7
    - 7 0 2
      0 2 5 9
    - 0 2 3 4
      0 0 2 5

3)   2 7 5 8 : 57 = 0 4 8 + 22   : 57
     - 0 0
      2 7 5
    - 2 2 8
      0 4 7 8
    - 0 4 5 6
      0 0 2 2

4)   1 6 8 8 : 50 = 0 3 3 + 38   : 50
     - 0 0
      1 6 8
    - 1 5 0
      0 1 8 8
    - 0 1 5 0
      0 0 3 8

5)   8 9 9 3 : 85 = 1 0 5 + 68   : 85
     - 8 5
      0 4 9
    - 0 0 0
      0 4 9 3
    - 0 4 2 5
      0 0 6 8

6)   6 1 2 7 : 79 = 0 7 7 + 44   : 79
     - 0 0
      6 1 2
    - 5 5 3
      0 5 9 7
    - 0 5 5 3
      0 0 4 4

7)   1 4 3 7 : 31 = 0 4 6 + 11   : 31
     - 0 0
      1 4 3
    - 1 2 4
      0 1 9 7
    - 0 1 8 6
      0 0 1 1

8)   3 4 3 6 : 80 = 0 4 2 + 76   : 80
     - 0 0
      3 4 3
    - 3 2 0
      0 2 3 6
    - 0 1 6 0
      0 0 7 6

9)   7 1 6 9 : 55 = 1 3 0 + 19   : 55
     - 5 5
      1 6 6
    - 1 6 5
      0 0 1 9
    - 0 0 0 0
      0 0 1 9

10)   9 5 4 3 : 54 = 1 7 6 + 39   : 54
     - 5 4
      4 1 4
    - 3 7 8
      0 3 6 3
    - 0 3 2 4
      0 0 3 9

11)   3 5 3 6 : 16 = 2 2 1
     - 3 2
      0 3 3
    - 0 3 2
      0 0 1 6
    - 0 0 1 6
      0 0 0 0

12)   7 3 8 2 : 95 = 0 7 7 + 67   : 95
     - 0 0
      7 3 8
    - 6 6 5
      0 7 3 2
    - 0 6 6 5
      0 0 6 7

Schriftliches Dividieren natürlicher Zahlen (fünfstellig durch zweistellig)

1)   3 9 8 1 6 : 55 =

2)   3 5 8 5 7 : 18 =

3)   3 3 5 1 1 : 41 =

4)   7 8 4 3 4 : 99 =

5)   1 5 1 1 6 : 13 =

6)   7 7 2 9 2 . 25 =

7)   5 3 7 3 4 : 81 =

8)   3 7 4 5 3 : 87 =

9)   9 2 7 8 5 : 59 =

10)   7 1 3 3 5 : 81 =

Lösungen zum schriftlichen Dividieren natürlicher Zahlen (fünfstellig durch zweistellig)

1)   3 9 8 1 6 : 55 = 0 7 2 3 + 51   : 55
     - 0 0
      3 9 8
     - 3 8 5
      0 1 3 1
     - 0 1 1 0
      0 0 2 1 6
     - 0 0 1 6 5
      0 0 0 5 1

2)   3 5 8 5 7 : 18 = 1 9 9 2 + 1   : 18
     - 1 8
      1 7 8
     - 1 6 2
      0 1 6 5
     - 0 1 6 2
      0 0 0 3 7
     - 0 0 0 3 6
      0 0 0 0 1

3)   3 3 5 1 1 : 41 = 0 8 1 7 + 14   : 41
     - 0 0
      3 3 5
     - 3 2 8
      0 0 7 1
     - 0 0 4 1
      0 0 3 0 1
     - 0 0 2 8 7
      0 0 0 1 4

4)   7 8 4 3 4 : 99 = 0 7 9 2 + 26   : 99
     - 0 0
      7 8 4
     - 6 9 3
      0 9 1 3
     - 0 8 9 1
      0 0 2 2 4
     - 0 0 1 9 8
      0 0 0 2 6

5)   1 5 1 1 6 : 13 = 1 1 6 2 + 10   : 13
     - 1 3
      0 2 1
     - 0 1 3
      0 0 8 1
     - 0 0 7 8
      0 0 0 3 6
     - 0 0 0 2 6
      0 0 0 1 0

6)   7 7 2 9 2 : 25 = 3 0 9 1 + 17   : 25
     - 7 5
      0 2 2
     - 0 0 0
      0 2 2 9
     - 0 2 2 5
      0 0 0 4 2
     - 0 0 0 2 5
      0 0 0 1 7

7)   5 3 7 3 4 : 81 = 0 6 6 3 + 31   : 81
     - 0 0
      5 3 7
     - 4 8 6
      0 5 1 3
     - 0 4 8 6
      0 0 2 7 4
     - 0 0 2 4 3
      0 0 0 3 1

8)   3 7 4 5 3 : 87 = 0 4 3 0 + 43   : 87
     - 0 0
      3 7 4
     - 3 4 8
      0 2 6 5
     - 0 2 6 1
      0 0 0 4 3
     - 0 0 0 0 0
      0 0 0 4 3

9)   9 2 7 8 5 : 59 = 1 5 7 2 + 37   : 59
     - 5 9
      3 3 7
     - 2 9 5
      0 4 2 8
     - 0 4 1 3
      0 0 1 5 5
     - 0 0 1 1 8
      0 0 0 3 7

10)   7 1 3 3 5 : 81 = 0 8 8 0 + 55   : 81
     - 0 0
      7 1 3
     - 6 4 8
      0 6 5 3
     - 0 6 4 8
      0 0 0 5 5
     - 0 0 0 0 0
      0 0 0 5 5

Additionstabelle

+	130	475	19	343	404	319	185	229	301	378
490										
260										
19										
294										
86										
128										
432										
223										
440										
249										
151										
356										
86										
203										
489										
381										
242										
269										
227										
255										
486										
371										
288										
274										
277										
410										
357										
116										
257										
82										
124										
210										
348										
208										
403										
5										
485										
486										
362										
392										

Additionstabelle (Lösungen)

+	130	475	19	343	404	319	185	229	301	378
490	620	965	509	833	894	809	675	719	791	868
260	390	735	279	603	664	579	445	489	561	638
19	149	494	38	362	423	338	204	248	320	397
294	424	769	313	637	698	613	479	523	595	672
86	216	561	105	429	490	405	271	315	387	464
128	258	603	147	471	532	447	313	357	429	506
432	562	907	451	775	836	751	617	661	733	810
223	353	698	242	566	627	542	408	452	524	601
440	570	915	459	783	844	759	625	669	741	818
249	379	724	268	592	653	568	434	478	550	627
151	281	626	170	494	555	470	336	380	452	529
356	486	831	375	699	760	675	541	585	657	734
86	216	561	105	429	490	405	271	315	387	464
203	333	678	222	546	607	522	388	432	504	581
489	619	964	508	832	893	808	674	718	790	867
381	511	856	400	724	785	700	566	610	682	759
242	372	717	261	585	646	561	427	471	543	620
269	399	744	288	612	673	588	454	498	570	647
227	357	702	246	570	631	546	412	456	528	605
255	385	730	274	598	659	574	440	484	556	633
486	616	961	505	829	890	805	671	715	787	864
371	501	846	390	714	775	690	556	600	672	749
288	418	763	307	631	692	607	473	517	589	666
274	404	749	293	617	678	593	459	503	575	652
277	407	752	296	620	681	596	462	506	578	655
410	540	885	429	753	814	729	595	639	711	788
357	487	832	376	700	761	676	542	586	658	735
116	246	591	135	459	520	435	301	345	417	494
257	387	732	276	600	661	576	442	486	558	635
82	212	557	101	425	486	401	267	311	383	460
124	254	599	143	467	528	443	309	353	425	502
210	340	685	229	553	614	529	395	439	511	588
348	478	823	367	691	752	667	533	577	649	726
208	338	683	227	551	612	527	393	437	509	586
403	533	878	422	746	807	722	588	632	704	781
5	135	480	24	348	409	324	190	234	306	383
485	615	960	504	828	889	804	670	714	786	863
486	616	961	505	829	890	805	671	715	787	864
362	492	837	381	705	766	681	547	591	663	740
392	522	867	411	735	796	711	577	621	693	770

Multiplikationstabelle

	7	16	3	6	30	5	20	14	20	23
12										
1										
16										
28										
5										
9										
19										
5										
22										
4										
25										
11										
28										
24										
10										
10										
13										
12										
13										
8										
27										
8										
8										
2										
25										
10										
15										
31										
22										
9										
29										
27										
23										
9										
21										
2										
29										
5										
8										
31										

Multiplikationstabelle (Lösungen)

•	7	16	3	6	30	5	20	14	20	23
12	84	192	36	72	360	60	240	168	240	276
1	7	16	3	6	30	5	20	14	20	23
16	112	256	48	96	480	80	320	224	320	368
28	196	448	84	168	840	140	560	392	560	644
5	35	80	15	30	150	25	100	70	100	115
9	63	144	27	54	270	45	180	126	180	207
19	133	304	57	114	570	95	380	266	380	437
5	35	80	15	30	150	25	100	70	100	115
22	154	352	66	132	660	110	440	308	440	506
4	28	64	12	24	120	20	80	56	80	92
25	175	400	75	150	750	125	500	350	500	575
11	77	176	33	66	330	55	220	154	220	253
28	196	448	84	168	840	140	560	392	560	644
24	168	384	72	144	720	120	480	336	480	552
10	70	160	30	60	300	50	200	140	200	230
10	70	160	30	60	300	50	200	140	200	230
13	91	208	39	78	390	65	260	182	260	299
12	84	192	36	72	360	60	240	168	240	276
13	91	208	39	78	390	65	260	182	260	299
8	56	128	24	48	240	40	160	112	160	184
27	189	432	81	162	810	135	540	378	540	621
8	56	128	24	48	240	40	160	112	160	184
8	56	128	24	48	240	40	160	112	160	184
2	14	32	6	12	60	10	40	28	40	46
25	175	400	75	150	750	125	500	350	500	575
10	70	160	30	60	300	50	200	140	200	230
15	105	240	45	90	450	75	300	210	300	345
31	217	496	93	186	930	155	620	434	620	713
22	154	352	66	132	660	110	440	308	440	506
9	63	144	27	54	270	45	180	126	180	207
29	203	464	87	174	870	145	580	406	580	667
27	189	432	81	162	810	135	540	378	540	621
23	161	368	69	138	690	115	460	322	460	529
9	63	144	27	54	270	45	180	126	180	207
21	147	336	63	126	630	105	420	294	420	483
2	14	32	6	12	60	10	40	28	40	46
29	203	464	87	174	870	145	580	406	580	667
5	35	80	15	30	150	25	100	70	100	115
8	56	128	24	48	240	40	160	112	160	184
31	217	496	93	186	930	155	620	434	620	713

Schriftliches Multiplizieren ganzer Zahlen

1)   7   · (-13) ·   2   = _____

2) (-5) ·   17   · (-6) = _____

3)   10   ·   16   · (-15) = _____

4) (-19) ·   12   ·   5   = _____

5)   8   · (-10) · (-4) = _____

6)   6   · (-3) ·   20   = _____

7) (-4) ·   20   ·   20   = _____

8) (-20) · (-2) · (-17) = _____

9)   18   ·   18   ·   10   = _____

10)   2   ·   10   ·   5   = _____

11)   4   ·   7   · (-7) = _____

12)   4   · (-3) ·   4   = _____

13) (-16) · (-19) · (-8) = _____

14) (-5) · (-3) ·   19   = _____

15) (-10) · (-11) ·   5   = _____

16) (-5) ·   2   · (-4) = _____

17) (-12) · (-10) ·   13   = _____

18)   12   · (-4) ·   19   = _____

19)   6   · (-14) ·   8   = _____

20) (-12) · (-10) ·   5   = _____

21)   4   ·   10   ·   6   = _____

22) (-3) ·   19   · (-6) = _____

23)   12   ·   15   ·   18   = _____

24) (-19) ·   2   ·   18   = _____

25)   12   · (-4) ·   7   = _____

16

Schriftliches Multiplizieren ganzer Zahlen (Lösungen)

1)		7	·	(	-13	)	·		2		=	-182
2)	(	-5	)	·	17		·	(	-6	)	=	510
3)		10	·		16		·	(	-15	)	=	-2400
4)	(	-19	)	·	12		·		5		=	-1140
5)		8	·	(	-10	)	·	(	-4	)	=	320
6)		6	·	(	-3	)	·		20		=	-360
7)	(	-4	)	·	20		·		20		=	-1600
8)	(	-20	)	·	(	-2	)	·	(	-17)	=	-680
9)		18	·		18		·		10		=	3240
10)		2	·		10		·		5		=	100
11)		4	·		7		·	(	-7	)	=	-196
12)		4	·	(	-3	)	·		4		=	-48
13)	(	-16	)	·	(	-19	)	·	(	-8)	=	-2432
14)	(	-5	)	·	(	-3	)	·		19		=	285
15)	(	-10	)	·	(	-11	)	·		5		=	550
16)	(	-5	)	·		2		·	(	-4	)	=	40
17)	(	-12	)	·	(	-10	)	·		13		=	1560
18)		12	·	(	-4	)	·		19		=	-912
19)		6	·	(	-14	)	·		8		=	-672
20)	(	-12	)	·	(	-10	)	·		5		=	600
21)		4	·		10		·		6		=	240
22)	(	-3	)	·	19		·	(	-6	)	=	342
23)		12	·		15		·		18		=	3240
24)	(	-19	)	·	2		·		18		=	-684
25)		12	·	(	-4	)	·		7		=	-336

Schriftliches Addieren, Subtrahieren und Multiplizieren ganzer Zahlen

1) (-2) · ((-2507) - 5999) = _____

2) 13 · (8711 - (-9876)) = _____

3) 6 · (3221 + 4626) = _____

4) (-11) · ((-3134) - 7949) = _____

5) (-15) · ((-1446) + (-8682)) = _____

6) 17 · (3789 - (-4260)) = _____

7) 11 · ((-2665) - 3798) = _____

8) (-19) · ((-9298) - 7917) = _____

9) 2 · (8539 + (-4502)) = _____

10) 10 · ((-7648) + 251) = _____

11) 14 · (1323 + 6538) = _____

12) 20 · (9483 + (-3163)) = _____

13) (-12) · ((-7260) - 8671) = _____

14) (-16) · ((-4713) - (-675)) = _____

15) (-19) · (3678 - (-5777)) = _____

16) 20 · (4091 + 1362) = _____

17) 18 · (3426 + 4472) = _____

18) 6 · (808 + (-6805)) = _____

19) 14 · (2668 + 869) = _____

20) 13 · (6489 - 7723) = _____

21) (-15) · ((-681) - (-5813)) = _____

22) 5 · ((-354) - (-1844)) = _____

23) 15 · (843 - (-2420)) = _____

24) (-11) · (2005 + (-3661)) = _____

25) (-19) · ((-7311) - (-9128)) = _____

Schriftliches Addieren, Subtrahieren und Multiplizieren ganzer Zahlen (Lösungen)

1)	(	-2	)	· (	(	-2507	)	-		5999	)	=	17012
2)		13		· (		8711		-	(	-9876	)	) =	241631
3)		6		· (		3221		+		4626	)	=	47082
4)	(	-11	)	· (	(	-3134	)	-		7949	)	=	121913
5)	(	-15	)	· (	(	-1446	)	+	(	-8682	)	) =	151920
6)		17		· (		3789		-	(	-4260	)	) =	136833
7)		11		· (	(	-2665	)	-		3798	)	=	-71093
8)	(	-19	)	· (	(	-9298	)	-		7917	)	=	327085
9)		2		· (		8539		+	(	-4502	)	) =	8074
10)		10		· (	(	-7648	)	+		251	)	=	-73970
11)		14		· (		1323		+		6538	)	=	110054
12)		20		· (		9483		+	(	-3163	)	) =	126400
13)	(	-12	)	· (	(	-7260	)	-		8671	)	=	191172
14)	(	-16	)	· (	(	-4713	)	-	(	-675	)	) =	64608
15)	(	-19	)	· (		3678		-	(	-5777	)	) =	-179645
16)		20		· (		4091		+		1362	)	=	109060
17)		18		· (		3426		+		4472	)	=	142164
18)		6		· (		808		+	(	-6805	)	) =	-35982
19)		14		· (		2668		+		869	)	=	49518
20)		13		· (		6489		-		7723	)	=	-16042
21)	(	-15	)	· (	(	-681	)	-	(	-5813	)	) =	-76980
22)		5		· (	(	-354	)	-	(	-1844	)	) =	7450
23)		15		· (		843		-	(	-2420	)	) =	48945
24)	(	-11	)	· (		2005		+	(	-3661	)	) =	18216
25)	(	-19	)	· (	(	-7311	)	-	(	-9128	)	) =	-34523

Additionstabelle

+	-40	-23	39	22	20	17	8	-21	44	-45
-48										
-37										
9										
2										
48										
-49										
34										
-8										
-7										
0										
48										
-40										
-46										
37										
-37										
-40										
-1										
-36										
45										
38										
-1 /										
39										
-14										
16										
41										
21										
33										
-36										
4										
29										
13										
-35										
-19										
0										
0										
-11										
16										
-17										
25										
-49										

Additionstabelle (Lösungen)

+	-40	-23	39	22	20	17	8	-21	44	-45
-48	-88	-71	-9	-26	-28	-31	-40	-69	-4	-93
-37	-77	-60	2	-15	-17	-20	-29	-58	7	-82
9	-31	-14	48	31	29	26	17	-12	53	-36
2	-38	-21	41	24	22	19	10	-19	46	-43
48	8	25	87	70	68	65	56	27	92	3
-49	-89	-72	-10	-27	-29	-32	-41	-70	-5	-94
34	-6	11	73	56	54	51	42	13	78	-11
-8	-48	-31	31	14	12	9	0	-29	36	-53
-7	-47	-30	32	15	13	10	1	-28	37	-52
0	-40	-23	39	22	20	17	8	-21	44	-45
48	8	25	87	70	68	65	56	27	92	3
-40	-80	-63	-1	-18	-20	-23	-32	-61	4	-85
-46	-86	-69	-7	-24	-26	-29	-38	-67	-2	-91
37	-3	14	76	59	57	54	45	16	81	-8
-37	-77	-60	2	-15	-17	-20	-29	-58	7	-82
-40	-80	-63	-1	-18	-20	-23	-32	-61	4	-85
-1	-41	-24	38	21	19	16	7	-22	43	-46
-36	-76	-59	3	-14	-16	-19	-28	-57	8	-81
45	5	22	84	67	65	62	53	24	89	0
38	-2	15	77	60	58	55	46	17	82	-7
-17	-57	-40	22	5	3	0	-9	-38	27	-62
39	-1	16	78	61	59	56	47	18	83	-6
-14	-54	-37	25	8	6	3	-6	-35	30	-59
16	-24	-7	55	38	36	33	24	-5	60	-29
41	1	18	80	63	61	58	49	20	85	-4
21	-19	-2	60	43	41	38	29	0	65	-24
33	-7	10	72	55	53	50	41	12	77	-12
-36	-76	-59	3	-14	-16	-19	-28	-57	8	-81
4	-36	-19	43	26	24	21	12	-17	48	-41
29	-11	6	68	51	49	46	37	8	73	-16
13	-27	-10	52	35	33	30	21	-8	57	-32
-35	-75	-58	4	-13	-15	-18	-27	-56	9	-80
-19	-59	-42	20	3	1	-2	-11	-40	25	-64
0	-40	-23	39	22	20	17	8	-21	44	-45
0	-40	-23	39	22	20	17	8	-21	44	-45
-11	-51	-34	28	11	9	6	-3	-32	33	-56
16	-24	-7	55	38	36	33	24	-5	60	-29
-17	-57	-40	22	5	3	0	-9	-38	27	-62
25	-15	2	64	47	45	42	33	4	69	-20
-49	-89	-72	-10	-27	-29	-32	-41	-70	-5	-94

Subtraktionstabelle

− →	30	27	-9	-21	-15	-39	-38	-42	36	32
32										
-3										
-20										
-28										
-15										
-16										
28										
31										
40										
12										
42										
-47										
-41										
38										
-1										
-34										
42										
-47										
-31										
-26										
-21										
-45										
8										
-33										
39										
-41										
-18										
-17										
-49										
-49										
-29										
-2										
0										
-38										
28										
-8										
30										
-22										
-21										
3										

Subtraktionstabelle (Lösungen)

- →	30	27	-9	-21	-15	-39	-38	-42	36	32
32	2	5	41	53	47	71	70	74	-4	0
-3	-33	-30	6	18	12	36	35	39	-39	-35
-20	-50	-47	-11	1	-5	19	18	22	-56	-52
-28	-58	-55	-19	-7	-13	11	10	14	-64	-60
-15	-45	-42	-6	6	0	24	23	27	-51	-47
-16	-46	-43	-7	5	-1	23	22	26	-52	-48
28	-2	1	37	49	43	67	66	70	-8	-4
31	1	4	40	52	46	70	69	73	-5	-1
40	10	13	49	61	55	79	78	82	4	8
12	-18	-15	21	33	27	51	50	54	-24	-20
42	12	15	51	63	57	81	80	84	6	10
-47	-77	-74	-38	-26	-32	-8	-9	-5	-83	-79
-41	-71	-68	-32	-20	-26	-2	-3	1	-77	-73
38	8	11	47	59	53	77	76	80	2	6
-1	-31	-28	8	20	14	38	37	41	-37	-33
-34	-64	-61	-25	-13	-19	5	4	8	-70	-66
42	12	15	51	63	57	81	80	84	6	10
-47	-77	-74	-38	-26	-32	-8	-9	-5	-83	-79
-31	-61	-58	-22	-10	-16	8	7	11	-67	-63
-26	-56	-53	-17	-5	-11	13	12	16	-62	-58
-21	-51	-48	-12	0	-6	18	17	21	-57	-53
-45	-75	-72	-36	-24	-30	-6	-7	-3	-81	-77
8	-22	-19	17	29	23	47	46	50	-28	-24
-33	-63	-60	-24	-12	-18	6	5	9	-69	-65
39	9	12	48	60	54	78	77	81	3	7
-41	-71	-68	-32	-20	-26	-2	-3	1	-77	-73
-18	-48	-45	-9	3	-3	21	20	24	-54	-50
-17	-47	-44	-8	4	-2	22	21	25	-53	-49
-49	-79	-76	-40	-28	-34	-10	-11	-7	-85	-81
-49	-79	-76	-40	-28	-34	-10	-11	-7	-85	-81
-29	-59	-56	-20	-8	-14	10	9	13	-65	-61
-2	-32	-29	7	19	13	37	36	40	-38	-34
0	-30	-27	9	21	15	39	38	42	-36	-32
-38	-68	-65	-29	-17	-23	1	0	4	-74	-70
28	-2	1	37	49	43	67	66	70	-8	-4
-8	-38	-35	1	13	7	31	30	34	-44	-40
30	0	3	39	51	45	69	68	72	-6	-2
-22	-52	-49	-13	-1	-7	17	16	20	-58	-54
-21	-51	-48	-12	0	-6	18	17	21	-57	-53
3	-27	-24	12	24	18	42	41	45	-33	-29

Multiplikationstabelle

•	1	21	-21	17	9	-19	24	-4	21	6
-17										
8										
2										
30										
-8										
-10										
-8										
9										
-17										
3										
-13										
-26										
-9										
30										
-11										
14										
-3										
-22										
13										
9										
-2										
8										
18										
24										
-25										
-5										
-4										
30										
20										
-8										
20										
6										
-4										
-6										
-31										
27										
-22										
-25										
-2										
14										

Multiplikationstabelle (Lösungen)

•	1	21	-21	17	9	-19	24	-4	21	6
-17	-17	-357	357	-289	-153	323	-408	68	-357	-102
8	8	168	-168	136	72	-152	192	-32	168	48
2	2	42	-42	34	18	-38	48	-8	42	12
30	30	630	-630	510	270	-570	720	-120	630	180
-8	-8	-168	168	-136	-72	152	-192	32	-168	-48
-10	-10	-210	210	-170	-90	190	-240	40	-210	-60
-8	-8	-168	168	-136	-72	152	-192	32	-168	-48
9	9	189	-189	153	81	-171	216	-36	189	54
-17	-17	-357	357	-289	-153	323	-408	68	-357	-102
3	3	63	-63	51	27	-57	72	-12	63	18
-13	-13	-273	273	-221	-117	247	-312	52	-273	-78
-26	-26	-546	546	-442	-234	494	-624	104	-546	-156
-9	-9	-189	189	-153	-81	171	-216	36	-189	-54
30	30	630	-630	510	270	-570	720	-120	630	180
-11	-11	-231	231	-187	-99	209	-264	44	-231	-66
14	14	294	-294	238	126	-266	336	-56	294	84
-3	-3	-63	63	-51	-27	57	-72	12	-63	-18
-22	-22	-462	462	-374	-198	418	-528	88	-462	-132
13	13	273	-273	221	117	-247	312	-52	273	78
9	9	189	-189	153	81	-171	216	-36	189	54
-2	-2	-42	42	-34	-18	38	-48	8	-42	-12
8	8	168	-168	136	72	-152	192	-32	168	48
18	18	378	-378	306	162	-342	432	-72	378	108
24	24	504	-504	408	216	-456	576	-96	504	144
-25	-25	-525	525	-425	-225	475	-600	100	-525	-150
-5	-5	-105	105	-85	-45	95	-120	20	-105	-30
-4	-4	-84	84	-68	-36	76	-96	16	-84	-24
30	30	630	-630	510	270	-570	720	-120	630	180
20	20	420	-420	340	180	-380	480	-80	420	120
-8	-8	-168	168	-136	-72	152	-192	32	-168	-48
20	20	420	-420	340	180	-380	480	-80	420	120
6	6	126	-126	102	54	-114	144	-24	126	36
-4	-4	-84	84	-68	-36	76	-96	16	-84	-24
-6	-6	-126	126	-102	-54	114	-144	24	-126	-36
-31	-31	-651	651	-527	-279	589	-744	124	-651	-186
27	27	567	-567	459	243	-513	648	-108	567	162
-22	-22	-462	462	-374	-198	418	-528	88	-462	-132
-25	-25	-525	525	-425	-225	475	-600	100	-525	-150
-2	-2	-42	42	-34	-18	38	-48	8	-42	-12
14	14	294	-294	238	126	-266	336	-56	294	84

Runde:

(E Einer, z Zehntel, h Hundertstel, t Tausendstel, zt Zehntausendstel, ht Hunderttausendstel)

	Zahl	auf E	auf z	auf h	auf t	auf zt	auf ht
1)	2,957307						
2)	0,11924						
3)	1,668589						
4)	7,94153						
5)	4,500157						
6)	1,691946						
7)	7,671193						
8)	4,91526						
9)	5,834132						
10)	5,822313						
11)	1,050598						
12)	6,99024						
13)	4,822634						
14)	4,381623						
15)	5,478513						
16)	4,633701						
17)	8,403699						
18)	3,073363						
19)	8,99737						
20)	1,116902						
21)	0,974974						
22)	0,917226						
23)	4,551677						
24)	0,584019						
25)	5,818112						
26)	2,375717						
27)	1,588176						
28)	6,584328						
29)	1,096496						
30)	6,863781						
31)	2,706645						
32)	6,696243						
33)	0,91231						
34)	7,064455						
35)	6,376862						
36)	1,299916						
37)	3,426372						
38)	0,825835						
39)	0,255567						
40)	5,53491						

Runde: (Lösungen)

(E Einer, z Zehntel, h Hundertstel, t Tausendstel, zt Zehntausendstel, ht Hunderttausendstel)

	Zahl	auf E	auf z	auf h	auf t	auf zt	auf ht
1)	2,957307	3	3,0	2,96	2,957	2,9573	2,95731
2)	0,11924	0	0,1	0,12	0,119	0,1192	0,11924
3)	1,668589	2	1,7	1,67	1,669	1,6686	1,66859
4)	7,94153	8	7,9	7,94	7,942	7,9415	7,94153
5)	4,500157	5	4,5	4,50	4,500	4,5002	4,50016
6)	1,691946	2	1,7	1,69	1,692	1,6919	1,69195
7)	7,671193	8	7,7	7,67	7,671	7,6712	7,67119
8)	4,91526	5	4,9	4,92	4,915	4,9153	4,91526
9)	5,834132	6	5,8	5,83	5,834	5,8341	5,83413
10)	5,822313	6	5,8	5,82	5,822	5,8223	5,82231
11)	1,050598	1	1,1	1,05	1,051	1,0506	1,05060
12)	6,99024	7	7,0	6,99	6,990	6,9902	6,99024
13)	4,822634	5	4,8	4,82	4,823	4,8226	4,82263
14)	4,381623	4	4,4	4,38	4,382	4,3816	4,38162
15)	5,478513	5	5,5	5,48	5,479	5,4785	5,47851
16)	4,633701	5	4,6	4,63	4,634	4,6337	4,63370
17)	8,403699	8	8,4	8,40	8,404	8,4037	8,40370
18)	3,073363	3	3,1	3,07	3,073	3,0734	3,07336
19)	8,99737	9	9,0	9,00	8,997	8,9974	8,99737
20)	1,116902	1	1,1	1,12	1,117	1,1169	1,11690
21)	0,974974	1	1,0	0,97	0,975	0,9750	0,97497
22)	0,917226	1	0,9	0,92	0,917	0,9172	0,91723
23)	4,551677	5	4,6	4,55	4,552	4,5517	4,55168
24)	0,584019	1	0,6	0,58	0,584	0,5840	0,58402
25)	5,818112	6	5,8	5,82	5,818	5,8181	5,81811
26)	2,375717	2	2,4	2,38	2,376	2,3757	2,37572
27)	1,588176	2	1,6	1,59	1,588	1,5882	1,58818
28)	6,584328	7	6,6	6,58	6,584	6,5843	6,58433
29)	1,096496	1	1,1	1,10	1,096	1,0965	1,09650
30)	6,863781	7	6,9	6,86	6,864	6,8638	6,86378
31)	2,706645	3	2,7	2,71	2,707	2,7066	2,70665
32)	6,696243	7	6,7	6,70	6,696	6,6962	6,69624
33)	0,91231	1	0,9	0,91	0,912	0,9123	0,91231
34)	7,064455	7	7,1	7,06	7,064	7,0645	7,06445
35)	6,376862	6	6,4	6,38	6,377	6,3769	6,37686
36)	1,299916	1	1,3	1,30	1,300	1,2999	1,29992
37)	3,426372	3	3,4	3,43	3,426	3,4264	3,42637
38)	0,825835	1	0,8	0,83	0,826	0,8258	0,82583
39)	0,255567	0	0,3	0,26	0,256	0,2556	0,25557
40)	5,53491	6	5,5	5,53	5,535	5,5349	5,53491

Additionstabelle

+	0,0668	57,59	95,48	0,4743	732,3
9,725					
82,16					
9,258					
0,1812					
0,8279					
9,138					
75,68					
566,9					
68,7					
5,01					
0,182					
9,048					
618,5					
39,3					
9,053					
44,82					
1,719					
0,632					
4,053					
95,99					
0,739					
5,989					
0,883					
716,7					
0,8067					
9,235					
0,6484					
62,85					
0,8433					
15,51					
6,689					
25,21					
9,597					
873,3					
819					
3,895					
796					
717,7					
0,8908					
396,5					

Additionstabelle (Lösungen)

+	0,0668	57,59	95,48	0,4743	732,3
9,725	9,7918	67,315	105,205	10,1993	742,025
82,16	82,2268	139,75	177,64	82,6343	814,46
9,258	9,3248	66,848	104,738	9,7323	741,558
0,1812	0,248	57,7712	95,6612	0,6555	732,4812
0,8279	0,8947	58,4179	96,3079	1,3022	733,1279
9,138	9,2048	66,728	104,618	9,6123	741,438
75,68	75,7468	133,27	171,16	76,1543	807,98
566,9	566,9668	624,49	662,38	567,3743	1299,2
68,7	68,7668	126,29	164,18	69,1743	801
5,01	5,0768	62,6	100,49	5,4843	737,31
0,182	0,2488	57,772	95,662	0,6563	732,482
9,048	9,1148	66,638	104,528	9,5223	741,348
618,5	618,5668	676,09	713,98	618,9743	1350,8
39,3	39,3668	96,89	134,78	39,7743	771,6
9,053	9,1198	66,643	104,533	9,5273	741,353
44,82	44,8868	102,41	140,3	45,2943	777,12
1,719	1,7858	59,309	97,199	2,1933	734,019
0,632	0,6988	58,222	96,112	1,1063	732,932
4,053	4,1198	61,643	99,533	4,5273	736,353
95,99	96,0568	153,58	191,47	96,4643	828,29
0,739	0,8058	58,329	96,219	1,2133	733,039
5,989	6,0558	63,579	101,469	6,4633	738,289
0,883	0,9498	58,473	96,363	1,3573	733,183
716,7	716,7668	774,29	812,18	717,1743	1449
0,8067	0,8735	58,3967	96,2867	1,281	733,1067
9,235	9,3018	66,825	104,715	9,7093	741,535
0,6484	0,7152	58,2384	96,1284	1,1227	732,9484
62,85	62,9168	120,44	158,33	63,3243	795,15
0,8433	0,9101	58,4333	96,3233	1,3176	733,1433
15,51	15,5768	73,1	110,99	15,9843	747,81
6,689	6,7558	64,279	102,169	7,1633	738,989
25,21	25,2768	82,8	120,69	25,6843	757,51
9,597	9,6638	67,187	105,077	10,0713	741,897
873,3	873,3668	930,89	968,78	873,7743	1605,6
819	819,0668	876,59	914,48	819,4743	1551,3
3,895	3,9618	61,485	99,375	4,3693	736,195
796	796,0668	853,59	891,48	796,4743	1528,3
717,7	717,7668	775,29	813,18	718,1743	1450
0,8908	0,9576	58,4808	96,3708	1,3651	733,1908
396,5	396,5668	454,09	491,98	396,9743	1128,8

Subtraktionstabelle

- →	-0,65	0,9945	-18,19	-170,9	0,4355
703,2					
53,58					
9,083					
712					
0,2767					
9,7					
-4,488					
-2,849					
9,763					
-0,4001					
-87,39					
-7,459					
348,6					
-0,561					
-3,778					
7,612					
0,0766					
23,58					
24,9					
-8,774					
-0,3574					
-171,7					
-389,6					
-14,56					
24,85					
1,6					
294,9					
-0,5599					
48,3					
-950,9					
-336,7					
0,9538					
0,1387					
39,42					
-758,1					
-86,34					
3,842					
997,6					
0,2677					
-5,174					

Subtraktionstabelle (Lösungen)

↑	→	-0,65	0,9945	-18,19	-170,9	0,4355
703,2		703,85	702,2055	721,39	874,1	702,7645
53,58		54,23	52,5855	71,77	224,48	53,1445
9,083		9,733	8,0885	27,273	179,983	8,6475
712		712,65	711,0055	730,19	882,9	711,5645
0,2767		0,9267	-0,7178	18,4667	171,1767	-0,1588
9,7		10,35	8,7055	27,89	180,6	9,2645
-4,488		-3,838	-5,4825	13,702	166,412	-4,9235
-2,849		-2,199	-3,8435	15,341	168,051	-3,2845
9,763		10,413	8,7685	27,953	180,663	9,3275
-0,4001		0,2499	-1,3946	17,7899	170,4999	-0,8356
-87,39		-86,74	-88,3845	-69,2	83,51	-87,8255
-7,459		-6,809	-8,4535	10,731	163,441	-7,8945
348,6		349,25	347,6055	366,79	519,5	348,1645
-0,561		0,089	-1,5555	17,629	170,339	-0,9965
-3,778		-3,128	-4,7725	14,412	167,122	-4,2135
7,612		8,262	6,6175	25,802	178,512	7,1765
0,0766		0,7266	-0,9179	18,2666	170,9766	-0,3589
23,58		24,23	22,5855	41,77	194,48	23,1445
24,9		25,55	23,9055	43,09	195,8	24,4645
-8,774		-8,124	-9,7685	9,416	162,126	-9,2095
-0,3574		0,2926	-1,3519	17,8326	170,5426	-0,7929
-171,7		-171,05	-172,6945	-153,51	-0,8	-172,1355
-389,6		-388,95	-390,5945	-371,41	-218,7	-390,0355
-14,56		-13,91	-15,5545	3,63	156,34	-14,9955
24,85		25,5	23,8555	43,04	195,75	24,4145
1,6		2,25	0,6055	19,79	172,5	1,1645
294,9		295,55	293,9055	313,09	465,8	294,4645
-0,5599		0,0901	-1,5544	17,6301	170,3401	-0,9954
48,3		48,95	47,3055	66,49	219,2	47,8645
-950,9		-950,25	-951,8945	-932,71	-780	-951,3355
-336,7		-336,05	-337,6945	-318,51	-165,8	-337,1355
0,9538		1,6038	-0,0407	19,1438	171,8538	0,5183
0,1387		0,7887	-0,8558	18,3287	171,0387	-0,2968
39,42		40,07	38,4255	57,61	210,32	38,9845
-758,1		-757,45	-759,0945	-739,91	-587,2	-758,5355
-86,34		-85,69	-87,3345	-68,15	84,56	-86,7755
3,842		4,492	2,8475	22,032	174,742	3,4065
997,6		998,25	996,6055	1015,79	1168,5	997,1645
0,2677		0,9177	-0,7268	18,4577	171,1677	-0,1678
-5,174		-4,524	-6,1685	13,016	165,726	-5,6095

31

Multiplikationstabelle

•	43,1	16,2	65,1	2,95	17,6
13,9					
7,39					
81,8					
1,02					
44,7					
5,76					
7,16					
21,9					
66,8					
2,7					
82,3					
3,51					
58,1					
75,2					
93,4					
94,7					
67,4					
8,94					
6,5					
79,4					
14,3					
54,3					
4,6					
9,43					
75,5					
6,3					
38,9					
4,07					
73,8					
5,4					
40,3					
5,28					
7,45					
9,34					
16,4					
0,41					
78,8					
3,65					
9,48					
89,2					

Multiplikationstabelle (Lösungen)

•	43,1	16,2	65,1	2,95	17,6
13,9	599,09	225,18	904,89	41,005	244,64
7,39	318,509	119,718	481,089	21,8005	130,064
81,8	3525,58	1325,16	5325,18	241,31	1439,68
1,02	43,962	16,524	66,402	3,009	17,952
44,7	1926,57	724,14	2909,97	131,865	786,72
5,76	248,256	93,312	374,976	16,992	101,376
7,16	308,596	115,992	466,116	21,122	126,016
21,9	943,89	354,78	1425,69	64,605	385,44
66,8	2879,08	1082,16	4348,68	197,06	1175,68
2,7	116,37	43,74	175,77	7,965	47,52
82,3	3547,13	1333,26	5357,73	242,785	1448,48
3,51	151,281	56,862	228,501	10,3545	61,776
58,1	2504,11	941,22	3782,31	171,395	1022,56
75,2	3241,12	1218,24	4895,52	221,84	1323,52
93,4	4025,54	1513,08	6080,34	275,53	1643,84
94,7	4081,57	1534,14	6164,97	279,365	1666,72
67,4	2904,94	1091,88	4387,74	198,83	1186,24
8,94	385,314	144,828	581,994	26,373	157,344
6,5	280,15	105,3	423,15	19,175	114,4
79,4	3422,14	1286,28	5168,94	234,23	1397,44
14,3	616,33	231,66	930,93	42,185	251,68
54,3	2340,33	879,66	3534,93	160,185	955,68
4,6	198,26	74,52	299,46	13,57	80,96
9,43	406,433	152,766	613,893	27,8185	165,968
75,5	3254,05	1223,1	4915,05	222,725	1328,8
6,3	271,53	102,06	410,13	18,585	110,88
38,9	1676,59	630,18	2532,39	114,755	684,64
4,07	175,417	65,934	264,957	12,0065	71,632
73,8	3180,78	1195,56	4804,38	217,71	1298,88
5,4	232,74	87,48	351,54	15,93	95,04
40,3	1736,93	652,86	2623,53	118,885	709,28
5,28	227,568	85,536	343,728	15,576	92,928
7,45	321,095	120,69	484,995	21,9775	131,12
9,34	402,554	151,308	608,034	27,553	164,384
16,4	706,84	265,68	1067,64	48,38	288,64
0,41	17,671	6,642	26,691	1,2095	7,216
78,8	3396,28	1276,56	5129,88	232,46	1386,88
3,65	157,315	59,13	237,615	10,7675	64,24
9,48	408,588	153,576	617,148	27,966	166,848
89,2	3844,52	1445,04	5806,92	263,14	1569,92

Additionstabelle

+	0,6908	3,459	872,6	-11,5	3,33
-60,04					
-3,355					
-3,61					
-279,2					
0,4779					
-2,893					
-0,8158					
78,5					
831,1					
0,3441					
2,07					
90,22					
-0,9958					
-78,25					
-34,45					
92,35					
-72,78					
108,5					
65,91					
-507,5					
-0,4583					
5,011					
0,968					
0,747					
0,6906					
-49,27					
-0,2693					
74,49					
-9,546					
0,8971					
0,3218					
165,3					
-4,575					
-7,151					
-0,1422					
-60,25					
-8,64					
41,09					
-96,09					
79,17					

Additionstabelle (Lösungen)

+	0,6908	3,459	872,6	-11,5	3,33
-60,04	-59,3492	-56,581	812,56	-71,54	-56,71
-3,355	-2,6642	0,104	869,245	-14,855	-0,025
-3,61	-2,9192	-0,151	868,99	-15,11	-0,28
-279,2	-278,5092	-275,741	593,4	-290,7	-275,87
0,4779	1,1687	3,9369	873,0779	-11,0221	3,8079
-2,893	-2,2022	0,566	869,707	-14,393	0,437
-0,8158	-0,125	2,6432	871,7842	-12,3158	2,5142
78,5	79,1908	81,959	951,1	67	81,83
831,1	831,7908	834,559	1703,7	819,6	834,43
0,3441	1,0349	3,8031	872,9441	-11,1559	3,6741
2,07	2,7608	5,529	874,67	-9,43	5,4
90,22	90,9108	93,679	962,82	78,72	93,55
-0,9958	-0,305	2,4632	871,6042	-12,4958	2,3342
-78,25	-77,5592	-74,791	794,35	-89,75	-74,92
-34,45	-33,7592	-30,991	838,15	-45,95	-31,12
92,35	93,0408	95,809	964,95	80,85	95,68
-72,78	-72,0892	-69,321	799,82	-84,28	-69,45
108,5	109,1908	111,959	981,1	97	111,83
65,91	66,6008	69,369	938,51	54,41	69,24
-507,5	-506,8092	-504,041	365,1	-519	-504,17
-0,4583	0,2325	3,0007	872,1417	-11,9583	2,8717
5,011	5,7018	8,47	877,611	-6,489	8,341
0,968	1,6588	4,427	873,568	-10,532	4,298
0,747	1,4378	4,206	873,347	-10,753	4,077
0,6906	1,3814	4,1496	873,2906	-10,8094	4,0206
-49,27	-48,5792	-45,811	823,33	-60,77	-45,94
-0,2693	0,4215	3,1897	872,3307	-11,7693	3,0607
74,49	75,1808	77,949	947,09	62,99	77,82
-9,546	-8,8552	-6,087	863,054	-21,046	-6,216
0,8971	1,5879	4,3561	873,4971	-10,6029	4,2271
0,3218	1,0126	3,7808	872,9218	-11,1782	3,6518
165,3	165,9908	168,759	1037,9	153,8	168,63
-4,575	-3,8842	-1,116	868,025	-16,075	-1,245
-7,151	-6,4602	-3,692	865,449	-18,651	-3,821
-0,1422	0,5486	3,3168	872,4578	-11,6422	3,1878
-60,25	-59,5592	-56,791	812,35	-71,75	-56,92
-8,64	-7,9492	-5,181	863,96	-20,14	-5,31
41,09	41,7808	44,549	913,69	29,59	44,42
-96,09	-95,3992	-92,631	776,51	-107,59	-92,76
79,17	79,8608	82,629	951,77	67,67	82,5

Subtraktionstabelle

- ↑ →	45,39	780,3	-70,9	-0,923	0,9226
17,76					
-1,486					
4,916					
-230,9					
-0,0797					
-39,8					
-7,261					
-8,53					
-3,8					
7,587					
-213,3					
77,26					
-0,0114					
-540,5					
-518,2					
8,039					
8,954					
-8,082					
0,123					
0,7651					
0,3229					
5,243					
-11,29					
-9,77					
97,73					
-3,602					
226,4					
-5,935					
5,54					
0,244					
0,7584					
0,9093					
-0,3075					
-5,13					
2,49					
-861,7					
0,1427					
-0,8099					
-0,1108					
-42,29					

Subtraktionstabelle (Lösungen)

- → ↑	45,39	780,3	-70,9	-0,923	0,9226
17,76	-27,63	-762,54	88,66	18,683	16,8374
-1,486	-46,876	-781,786	69,414	-0,563	-2,4086
4,916	-40,474	-775,384	75,816	5,839	3,9934
-230,9	-276,29	-1011,2	-160	-229,977	-231,8226
-0,0797	-45,4697	-780,3797	70,8203	0,8433	-1,0023
-39,8	-85,19	-820,1	31,1	-38,877	-40,7226
-7,261	-52,651	-787,561	63,639	-6,338	-8,1836
-8,53	-53,92	-788,83	62,37	-7,607	-9,4526
-3,8	-49,19	-784,1	67,1	-2,877	-4,7226
7,587	-37,803	-772,713	78,487	8,51	6,6644
-213,3	-258,69	-993,6	-142,4	-212,377	-214,2226
77,26	31,87	-703,04	148,16	78,183	76,3374
-0,0114	-45,4014	-780,3114	70,8886	0,9116	-0,934
-540,5	-585,89	-1320,8	-469,6	-539,577	-541,4226
-518,2	-563,59	-1298,5	-447,3	-517,277	-519,1226
8,039	-37,351	-772,261	78,939	8,962	7,1164
8,954	-36,436	-771,346	79,854	9,877	8,0314
-8,082	-53,472	-788,382	62,818	-7,159	-9,0046
0,123	-45,267	-780,177	71,023	1,046	-0,7996
0,7651	-44,6249	-779,5349	71,6651	1,6881	-0,1575
0,3229	-45,0671	-779,9771	71,2229	1,2459	-0,5997
5,243	-40,147	-775,057	76,143	6,166	4,3204
-11,29	-56,68	-791,59	59,61	-10,367	-12,2126
-9,77	-55,16	-790,07	61,13	-8,847	-10,6926
97,73	52,34	-682,57	168,63	98,653	96,8074
-3,602	-48,992	-783,902	67,298	-2,679	-4,5246
226,4	181,01	-553,9	297,3	227,323	225,4774
-5,935	-51,325	-786,235	64,965	-5,012	-6,8576
5,54	-39,85	-774,76	76,44	6,463	4,6174
0,244	-45,146	-780,056	71,144	1,167	-0,6786
0,7584	-44,6316	-779,5416	71,6584	1,6814	-0,1642
0,9093	-44,4807	-779,3907	71,8093	1,8323	-0,0133
-0,3075	-45,6975	-780,6075	70,5925	0,6155	-1,2301
-5,13	-50,52	-785,43	65,77	-4,207	-6,0526
2,49	-42,9	-777,81	73,39	3,413	1,5674
-861,7	-907,09	-1642	-790,8	-860,777	-862,6226
0,1427	-45,2473	-780,1573	71,0427	1,0657	-0,7799
-0,8099	-46,1999	-781,1099	70,0901	0,1131	-1,7325
-0,1108	-45,5008	-780,4108	70,7892	0,8122	-1,0334
-42,29	-87,68	-822,59	28,61	-41,367	-43,2126

37

Multiplikationstabelle

•	-15,1	-0,93	-40,4	-0,42	0,68
7,44					
23,1					
28,2					
-5,12					
-2,3					
1,48					
-63,8					
-89,5					
7,92					
8,1					
-36					
2,83					
89,9					
61,8					
4,31					
-8,8					
42,2					
77,2					
2,31					
-35,9					
3,2					
-34					
56,7					
4,68					
94,4					
-62,4					
-2,89					
6,62					
73,5					
28,3					
9					
46,1					
-94,9					
-62,1					
7,07					
87,2					
6,77					
3,13					
1					
89,8					

Multiplikationstabelle (Lösungen)

	-15,1	-0,93	-40,4	-0,42	0,68
7,44	-112,344	-6,9192	-300,576	-3,1248	5,0592
23,1	-348,81	-21,483	-933,24	-9,702	15,708
28,2	-425,82	-26,226	-1139,28	-11,844	19,176
-5,12	77,312	4,7616	206,848	2,1504	-3,4816
-2,3	34,73	2,139	92,92	0,966	-1,564
1,48	-22,348	-1,3764	-59,792	-0,6216	1,0064
-63,8	963,38	59,334	2577,52	26,796	-43,384
-89,5	1351,45	83,235	3615,8	37,59	-60,86
7,92	-119,592	-7,3656	-319,968	-3,3264	5,3856
8,1	-122,31	-7,533	-327,24	-3,402	5,508
-36	543,6	33,48	1454,4	15,12	-24,48
2,83	-42,733	-2,6319	-114,332	-1,1886	1,9244
89,9	-1357,49	-83,607	-3631,96	-37,758	61,132
61,8	-933,18	-57,474	-2496,72	-25,956	42,024
4,31	-65,081	-4,0083	-174,124	-1,8102	2,9308
-8,8	132,88	8,184	355,52	3,696	-5,984
42,2	-637,22	-39,246	-1704,88	-17,724	28,696
77,2	-1165,72	-71,796	-3118,88	-32,424	52,496
2,31	-34,881	-2,1483	-93,324	-0,9702	1,5708
-35,9	542,09	33,387	1450,36	15,078	-24,412
3,2	-48,32	-2,976	-129,28	-1,344	2,176
-34	513,4	31,62	1373,6	14,28	-23,12
56,7	-856,17	-52,731	-2290,68	-23,814	38,556
4,68	-70,668	-4,3524	-189,072	-1,9656	3,1824
94,4	-1425,44	-87,792	-3813,76	-39,648	64,192
-62,4	942,24	58,032	2520,96	26,208	-42,432
-2,89	43,639	2,6877	116,756	1,2138	-1,9652
6,62	-99,962	-6,1566	-267,448	-2,7804	4,5016
73,5	-1109,85	-68,355	-2969,4	-30,87	49,98
28,3	-427,33	-26,319	-1143,32	-11,886	19,244
9	-135,9	-8,37	-363,6	-3,78	6,12
46,1	-696,11	-42,873	-1862,44	-19,362	31,348
-94,9	1432,99	88,257	3833,96	39,858	-64,532
-62,1	937,71	57,753	2508,84	26,082	-42,228
7,07	-106,757	-6,5751	-285,628	-2,9694	4,8076
87,2	-1316,72	-81,096	-3522,88	-36,624	59,296
6,77	-102,227	-6,2961	-273,508	-2,8434	4,6036
3,13	-47,263	-2,9109	-126,452	-1,3146	2,1284
1	-15,1	-0,93	-40,4	-0,42	0,68
89,8	-1355,98	-83,514	-3627,92	-37,716	61,064